Heidrun Heinrich

Omas Häkelmotive

Heidrun Heinrich

Omas Häkelmotive

Dekoratives fürs ganze Haus
Nach alten Vorlagen

Augustus Verlag

Inhalt

Vorwort

Häkelmotive – ein Zauberwort, das so unendlich viele Möglichkeiten der Häkeltechnik offen läßt! Schon ein einzelnes Motiv, ob eckig oder rund, spricht für sich und kann im Kleinen seine Anwendung finden.

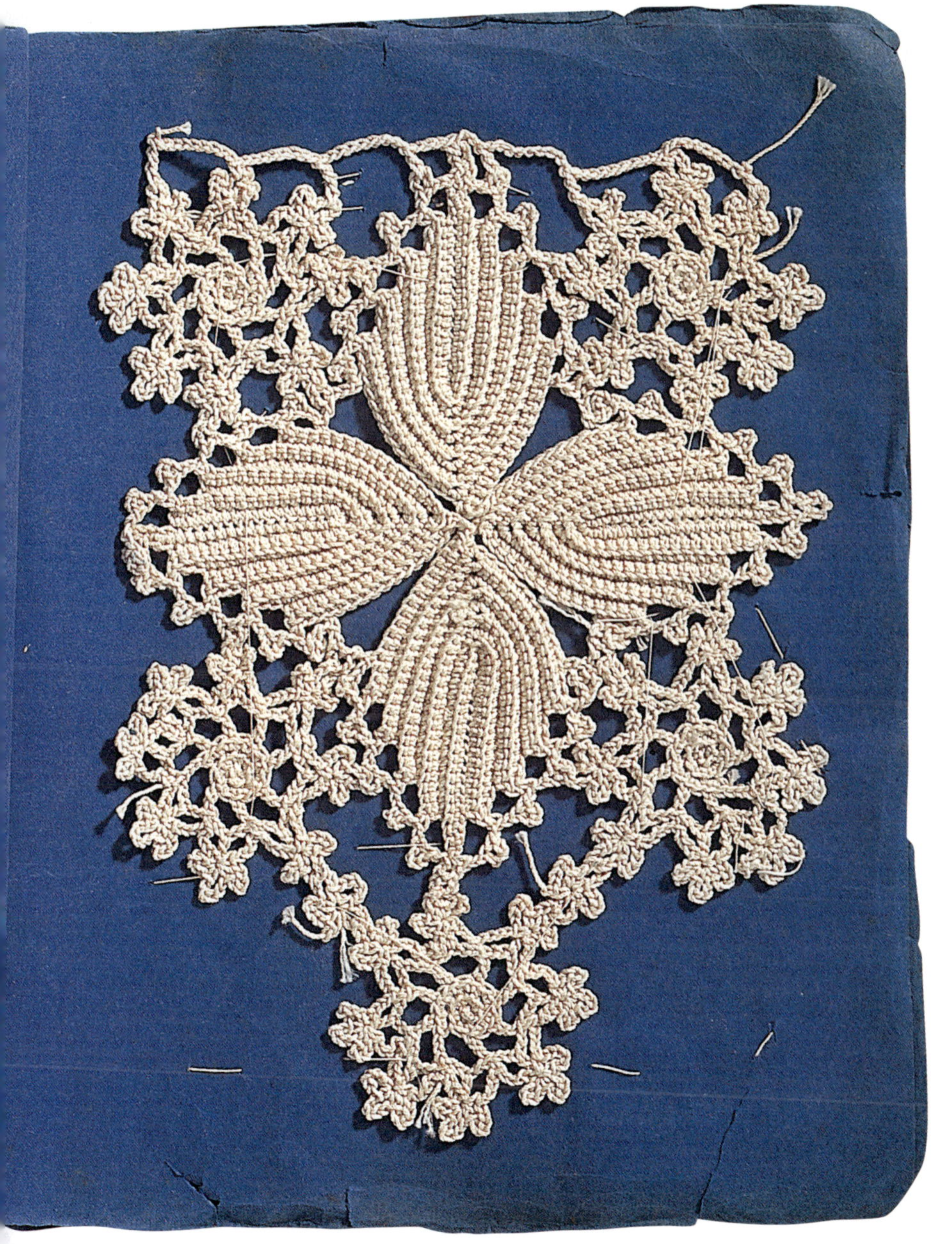

Die Muster dieses Buches gehörten einst zu den Schätzen von Großmutters Aussteuer. Ich habe sie überarbeitet und – wenn nicht in Weiß und Beige gehalten – den heutigen Wohnungsfarben angepaßt. So zeigt dieses Buch vielfältige Anwendungen für den Wohnbereich.
Jedes Motiv soll Ihre eigene Phantasie beflügeln, denn außer dem jeweils abgebildeten Modell lassen sich nahezu alle Muster zu weiteren Varianten zusammenfügen: zu Tischdecken jeglicher Größe, Läufern, Tischbändern, Kissenplatten, Gardinen, Tüchern, Schals ...
Je nachdem, welches Häkelgarn Sie verwenden, kann das gleiche Motiv rustikal oder elegant, filigran oder kompakt wirken. Hier liegt eine weitere Bandbreite an Variationen, die »Spielerei mit den Garnstärken«. Haben Sie Mut und verwenden Sie auch andere Garnstärken als die angegebenen – natürlich mit der dazu passenden Häkelnadel. Sie werden staunen, welche Größenunterschiede sich dadurch bewirken lassen!
Kreieren Sie nun Ihr eigenes Werk, detaillierte Häkelschriften und Anleitungen helfen Ihnen dabei. Es ist an alle gedacht, an Häkelanfänger ebenso wie an Häkelexperten!

Gutes Gelingen und viel Spaß wünscht Ihnen

Ihre

Heidrun Heinrich

Material und Technik

Das Material

Alle Häkelmotive sind aus Baumwollgarnen der verschiedensten Stärken angefertigt. Eine Ausnahme bildet Kunstseide, die sich für Motivhäkelei ebenfalls gut eignet. Sie zeichnet sich durch ihren besonderen Glanz und schönen Fall – etwa bei einer größeren Tischdecke – aus. Gerade Häkelmotive lassen sich in unterschiedlichen Garnstärken umsetzen. Auf diese Weise können nach ein- und derselben Häkelschrift diverse Größen erreicht werden (siehe Beispiel auf Seite 12).

In manchen Fällen bieten sich auch verschiedene Stärken für dasselbe Modell an, zum Beispiel für einen Gardineneinsatz und das dazugehörige Raffband (Seite 28).

Es ist allerdings ratsam, filigrane Muster feineren Garnen zu überlassen. So würden beispielsweise große Luftmaschenbogen in mittelstarkem bis starkem Garn sehr »löchrig« ausfallen.

Garn- und Häkelnadelstärken

Besonders wichtig ist es, daß die Häkelnadelstärke der Garnstärke angepaßt wird. Die in den Anleitungen genannten Stärken sind lediglich eine Empfehlung. Fällt die Häkelei sehr locker aus, so ist eine dünnere Häkelnadel zu verwenden. Wer sehr fest häkelt, verwendet eine stärkere Nadel.

Für festes Häkeln wird die Schlinge auf der Nadel kurz gehalten. Dies gelingt, wenn der vom Knäuel kommende Faden zwei- bis dreimal um den linken Zeigefinger gewickelt wird.

Der Häkelbeginn

In Reihen beginnen Sie immer mit einer Anfangsschlinge. Dazu das Fadenende von unten nach oben über den linken Daumen legen, dann die Häkelnadel von links nach rechts durch die entstandene Schlinge stecken. Schlinge vom Daumen gleiten lassen und den vom Zeigefinger kommenden Faden mit der Nadel fassen (Abb. 1).

Dann den Faden durch die Schlinge ziehen und fest anziehen (Abb. 2). Durch diese und jede weitere entstehende Schlinge wird der Faden mit einem Umschlag durchgezogen. Auf diese Weise entsteht eine Luftmaschenkette in erforderlicher Länge (Abb. 3).

Da in Hin- und Rückreihen gehäkelt wird, wendet man die Arbeit nach jeder Reihe. Es werden soviele Wende-Luftmaschen gehäkelt, wie die Höhe der ersten Häkelmasche erfordert. Bei der ersten Reihe auf der Luftmaschenkette wird jedoch eine Luftmasche mehr gerechnet, da auch die Wende-Luftmasche in eine »Basis-Masche« einstechen muß. Beim Häkeln in Reihen erscheint das Maschenbild wechselnd auf der Vorder- und Rückseite.

In Runden beginnt die Häkelarbeit mit einer Luftmaschenkette, die mit einer Kettmasche zum Ring geschlossen wird (Abb. 4).

Eine Alternative zum Luftmaschenring ist der Fadenring (Abb. 4a – 4c).

Den Faden zur Schlinge legen und durchholen; Schlinge abmaschen. Die entsprechende Maschenart in den Ring häkeln und mit einer Kettmasche schließen. Den Faden anziehen.

Abb. 1

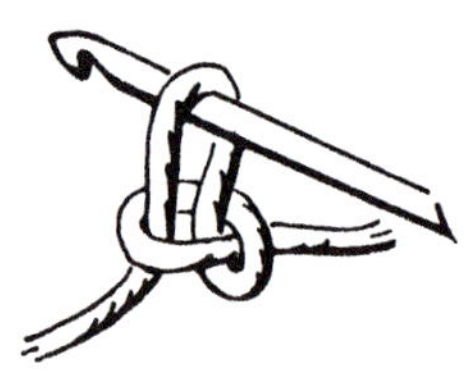

Abb. 2

Abb. 3

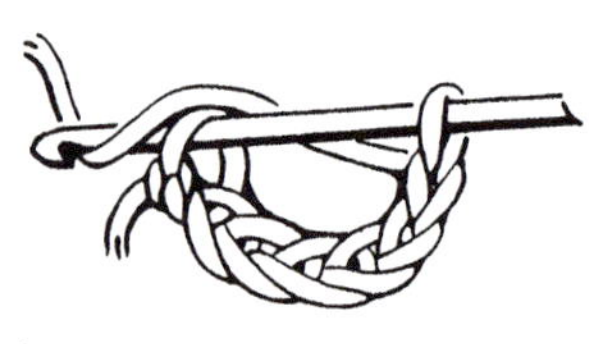

Abb. 4

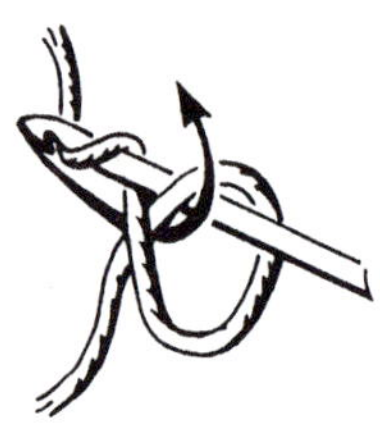

Abb. 4a

Abb. 4b

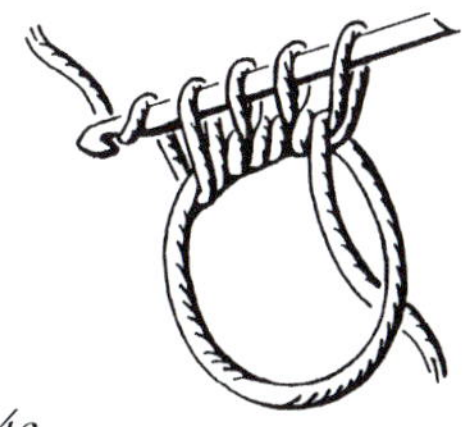

Abb. 4c

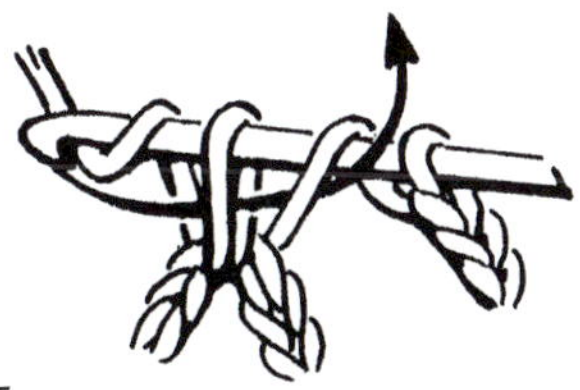

Abb. 5

Jede Runde wird mit einer Kettmasche geschlossen, die in den Rundenanfang eingestochen wird. Falls notwendig, wird mit weiteren Kettmaschen zum Ausgangspunkt des nächsten Rundenbeginns übergegangen. Die erste Masche einer Runde wird mustergemäß durch Luftmaschen ersetzt.

In einigen Mustern lassen sich Kettmaschen einsparen, indem der letzte Luftmaschenbogen einer Runde nur zur Hälfte mit Luftmaschen ausgeführt wird. Die zweite Hälfte wird durch die Stäbchenart ersetzt, deren Höhe den fehlenden Luftmaschen entspricht (Abb. 5). Auf diese Weise ist der Übergang zur neuen Runde erreicht.

Rechteckig oder quadratisch wird Ihre Häkelei durch gleichmäßiges Zunehmen in vier Ecken. Eine andere Möglichkeit ergibt sich durch stets gleich große Luftmaschenbogen in den Ecken. Zugenommen wird dann regelmäßig an jeder Seitenkante.

Beim Häkeln in Runden erscheint immer die Vorderseite des Maschenbildes.

Die Häkelschrift

Jede Maschenart wird als Symbol gezeichnet. In Reihen oder Runden aneinandergesetzt, ergeben diese Zeichen die Häkelschrift für die entsprechende Häkelarbeit. Das macht lange Anleitungstexte überflüssig.

Aus einer Häkelschrift ist die Reihenfolge ablesbar, in der die unterschiedlichen Maschen auszuführen sind. Gleichzeitig verdeutlicht sie, wie Maschen und Maschengruppen neben- und übereinanderstehen müssen. Meistens ist die Form der Häkelarbeit aus dieser Anordnung schon erkennbar. In der Regel wiederholt sich eine bestimmte Maschengruppierung. Solch ein Abschnitt wird Mustersatz genannt und ist, wenn nötig, durch Pfeile markiert.

Der Anfang einer Reihe oder Runde ist in der Häkelschrift mit Zahlen versehen. Die Hinreihen sind von rechts nach links, die Rückreihen von links nach rechts zu lesen. Runden werden ebenfalls von links nach rechts gelesen.

Bei Stäbchenzeichen ist deren Höhe an Querstrichen ersichtlich; jeder kurze Querstrich bedeutet einen Umschlag, der vor dem Durchziehen durch die Schlinge aufgenommen werden muß.

Sind Symbole *unten* zu einer Spitze gezeichnet, werden die entsprechenden Maschen alle in die gleiche Einstichstelle gearbeitet.

Sind Symbole *oben* zu einer Spitze gezeichnet, werden die entsprechenden Maschen zusammen abgemascht. Dies bedeutet: Jede Masche bis auf die letzte Schlinge abhäkeln und mit einem weiteren Umschlag alle auf der Häkelnadel befindlichen Schlingen zusammen abmaschen.

Wenn nicht gesondert vermerkt, werden Maschen, die über Luftmaschen oder Luftmaschenbogen gezeichnet sind, um die Luftmaschen gehäkelt.

Abkürzungen in den Anleitungen

A = Anfang
M = Masche
R = Reihe
Rd = Runde
Fb = Farbe
Knl = Knäuel
U = Umschlag
Lm = Luftmasche
Km = Kettmasche
fM = feste Masche
hStb = halbes Stäbchen
Stb = Stäbchen
Dstb = Doppelstäbchen

Zeichenerklärung

 = Luftmasche

 = Kettmasche

 = feste Masche

 = 2 bzw. 3 feste Maschen in eine Einstichstelle

 = 2 bzw. 4 bzw. 5 zusammen abgemaschte Stäbchen

 = halbes Stäbchen

 = Stäbchen

 = Doppelstäbchen

 = Dreifachstäbchen

 = Vierfachstäbchen

 = 2 bzw. 3 bzw. 5 Stäbchen in eine Einstichstelle

 = 1 Stb, 3 Lm, 1 fM ins Stb, 3 Lm, 1 fM in die gleiche Einstichstelle, 3 Lm, 1 fM in die gleiche Einstichstelle, 1 Stb in die gleiche Einstichstelle des 1. Stb

 = 2 bzw. 4 zusammen abgemaschte Stäbchen

 = 2 zusammen abgemaschte Doppelstäbchen

 = 2 bzw. 3 zusammen abgemaschte Doppelstäbchen

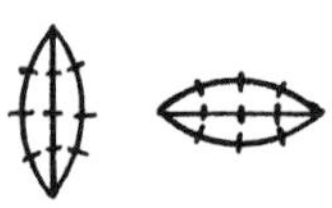 = 3 Dreifachstäbchen in einer Einstichstelle werden zusammen abgemascht

 = 5 Luftmaschen und 2 zusammen abgemaschte Dreifachstäbchen in eine Einstichstelle

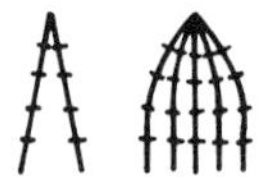 = 2 bzw. 5 zusammen abgemaschte Vierfachstäbchen

 = 1 feste Masche und 5 Luftmaschen + 2 zusammen abgemaschte Dreifachstäbchen in eine Einstichstelle häkeln

 = 1 Kreuzstäbchen zwischen 2 Stäbchen: 1 Stäbchen in das darunterliegende Stäbchen der Vorrunde, den Faden 2 x umschlagen, aus der gleichen Einstichstelle Schlinge durchholen, mit 1 Umschlag zunächst nur 2 Schlingen abmaschen, Umschlag aufnehmen, 5 Luftmaschen der Vorrunde übergehen, Schlinge durchholen; mit je 1 Umschlag 2 x 2 Schlingen abmaschen (= Kreuzungspunkt). Dann mit je 1 Umschlag 2 x 2 Schlingen abmaschen, 4 Luftmaschen, 1 Stäbchen in den Kreuzungspunkt, 1 Stäbchen in das darunterliegende Stäbchen der Vorrunde.

 = Pikot (3 oder 4 Luftmaschen, in die 1. dieser Luftmaschen zurück 1 feste Masche häkeln)

 = Fadenring

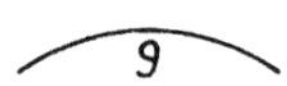

= Zahlen unter einem Bogen nennen die Anzahl der Luftmaschen für einen Luftmaschen-Bogen

 = dünne Pfeile in der Häkelschrift deuten den Häkelverlauf an

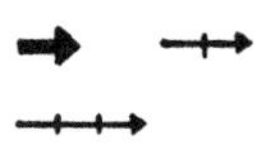 = 1 feste Masche bzw. ein Stäbchen bzw. 1 Doppelstäbchen in die Masche einstechen, auf die der Pfeil zeigt

Das Verbinden von Häkelmotiven

Häkelmotive werden am einfachsten beim Häkeln der jeweils letzten Runde miteinander verbunden. Dies ist ab dem 2. Motiv möglich, indem dieses Motiv mit Kettmaschen oder festen Maschen in ein bereits fertiggestelltes Motiv eingehängt wird.

In den Häkelschriften sind diese Stellen jeweils mit den entsprechenden Maschensymbolen markiert. Bei allen weiteren Motiven werden bereits 2 bzw. 3 Seiten oder entsprechend mehr Rundungen untereinander verbunden. Entstehen dabei zwischen – hauptsächlich runden – Motiven zu große Zwischenräume, werden kleine »Füllmotive« eingehäkelt. Luftmaschenbogen werden miteinander verbunden, indem statt der mittleren Luftmasche eines Bogens eine feste Masche um den gegenüberliegenden Bogen gearbeitet wird.

Motive mit geraden Kanten (siehe Bettdecke Seite 44) können auch einzeln fertiggestellt werden. Sie werden zum Schluß mit festen Maschen in waagrechter und senkrechter Richtung zusammengehäkelt.

Das Spannen

Eine Häkelarbeit kommt erst voll zur Geltung und erhält ein gleichmäßiges Aussehen, wenn sie nach ihrer Fertigstellung exakt gespannt wird. Am besten wird Karopapier auf eine weiche Unterlage gelegt (Teppich, Matratze, Bügelbrett). Darauf wird die Häkelei mit nichtrostenden Stecknadeln gespannt. Teilweise ist es ratsam, die Umrißlinien des zu spannenden Werkes (vor allem bei runden Motiven) auf durchsichtiges Papier zu zeichnen. Auf der Rückseite dieser Markierungen (um ein Abfärben zu vermeiden) erst die Eck- oder Hauptpunkte eines einzelnen Motivs auf den Umriß- oder Karolinien feststecken. Luftmaschenbogen oder Pikots am Rand jeweils einzeln ausspannen. Nun die Häkelmotive mit einem Wäschesprüher gleichmäßig anfeuchten, nach Wunsch auch leicht stärken. Erst wenn die Häkelei völlig trocken ist, wieder abspannen.

Eine große Hilfe zum Spannen stellt eine spezielle Spann- und Dämpfunterlage dar (Inox, Art. 8/21): eine etwa zentimeterstarke Schaumstoffplatte, die mit Stoff bespannt ist. Diese Stoffseite ist auf 70 x 70 cm mit einem Zentimeterraster bedruckt. Es erleichtert die Vorbereitungen sehr, da das Aufzeichnen teilweise entfällt. Außerdem geben Kreiseinteilungen und Diagonallinien Hilfestellung beim Markieren.

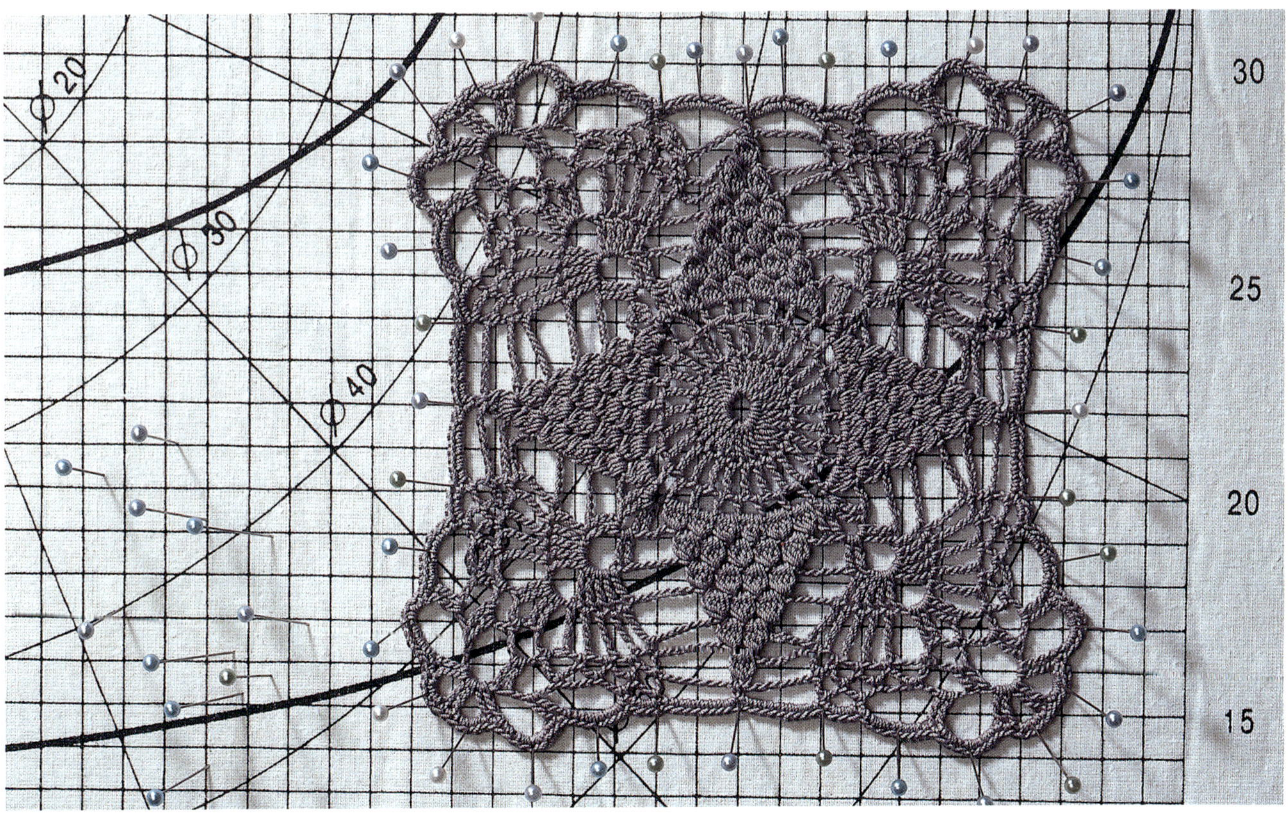

GALERIE ◆ DER ◆ MODELLE

Drei Motive zum Größenvergleich

Motivgröße:
auberginefarben ca. 15 x 15 cm,
lachsfarben ca. 13 x 13 cm,
sektfarben ca. 11 x 11 cm

Größe des lachsfarbenen Deckchens:
ca. 26 x 26 cm

MATERIAL

Für das auberginefarbene Motiv:

- 1 Knl *Anchor Liana 10* von *Coats Mez,* Fb 871, aubergine
- 1 Garnhäkelnadel Nr. 1,75 oder 1,50

Für das lachsfarbene Deckchen:

- 1 Knl *Anchor Aida 20* von *Coats Mez,* Fb 1012, lachs
- 1 Garnhäkelnadel Nr. 1,25

Für das sektfarbene Motiv:

- 1 Knl (10 g) *Anchor Glanzhäkelgarn 40* von *Coats Mez,* Fb 764, sekt
- 1 Garnhäkelnadel Nr. 1,00

Anleitung

10 Lm anschlagen und mit 1 Km zum Ring schließen. Weiter nach der Häkelschrift arbeiten und das Quadrat dem Muster entsprechend ergänzen.

Wird nur ein einzelnes Motiv gehäkelt, so werden nach Rd 10 ringsum die Lm-Bogen mit fM ausgefüllt; auf jedes Dstb wird ebenfalls 1 fM gehäkelt. Gleiches gilt für das lachsfarbene Deckchen.

Fertige Motive spannen, anfeuchten und trocknen lassen.

Dreimal das gleiche Motiv – drei unterschiedliche Größen: Das ist ein Beispiel für das Spielen mit Garnstärken (siehe Seite 6).

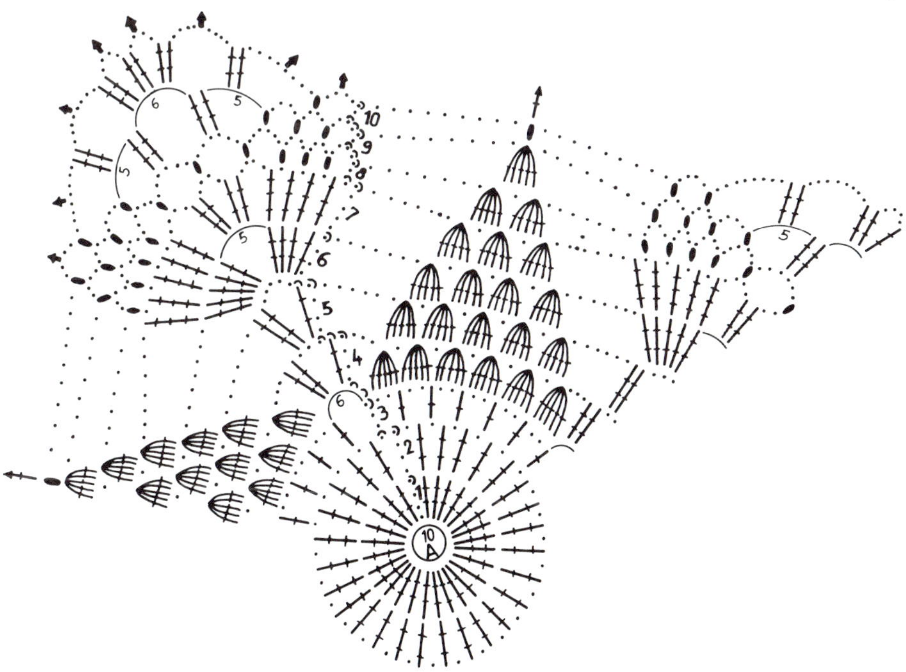

Mitteldecke aus Kunstseide

Motivgröße: ca. 24 x 24 cm
Motivanzahl: 3 x 3
Fertige Deckengröße: ca. 72 x 72 cm

Nach diesem alten Häkelmotiv entstand die Mitteldecke aus Kunstseide.

MATERIAL

- 4 Häkelbecher *Anchor Topas* von *Coats Mez,* Fb 777, grün
- 1 Garnhäkelnadel Nr. 1,25

Anleitung

In 1 Fadenring 8 Dstb, jeweils getrennt durch 5 Lm, häkeln. Die Rd 1 – 4 dem Muster entsprechend ergänzen. In Rd 5 – 16 ist ein Viertel eines Motives dargestellt.

Es ist ratsam, Motive aus Kunstseide schon einzeln zu spannen, um das Zusammenhäkeln zu erleichtern. Die fertige Decke nochmals spannen, anfeuchten und trocknen lassen.

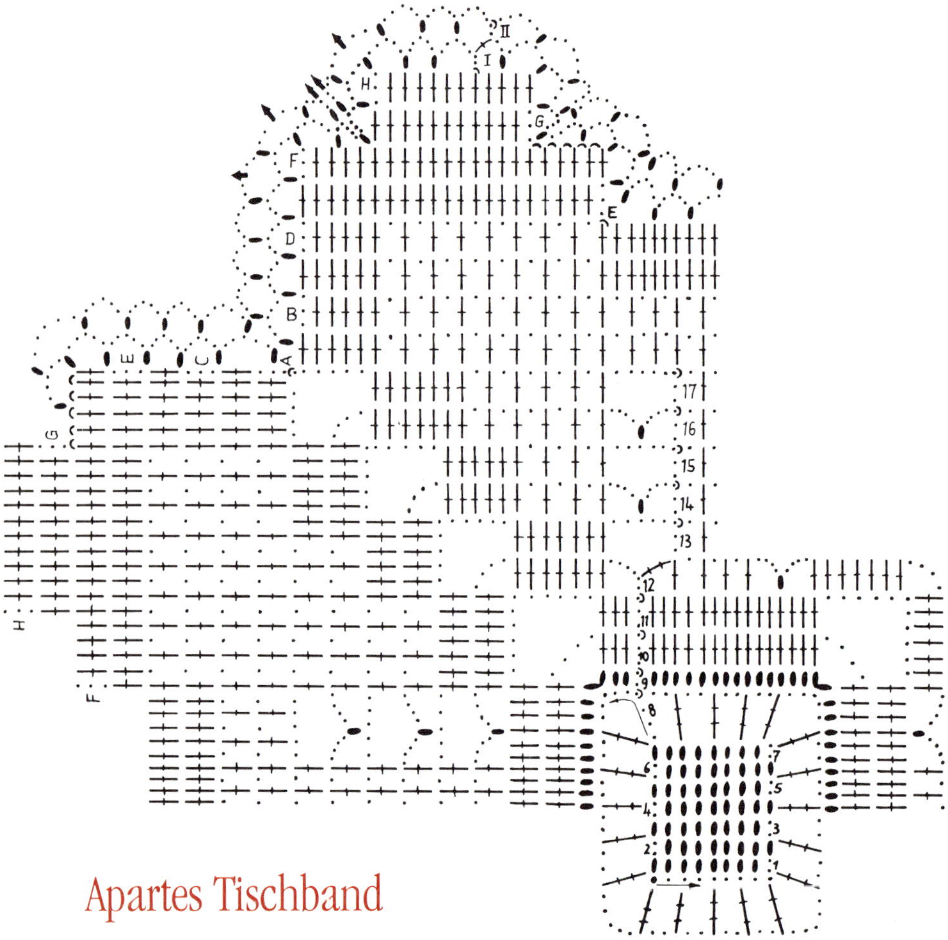

Apartes Tischband

Motivgröße: ca. 26 x 26 cm
Motivanzahl: 4
Fertige Bandgröße: ca. 26 x 105 cm

MATERIAL

- 2 Knl *Anchor Liana 10* von *Coats Mez,* Fb 779, blaugrün
- 1 Garnhäkelnadel Nr. 1,50 oder 1,75

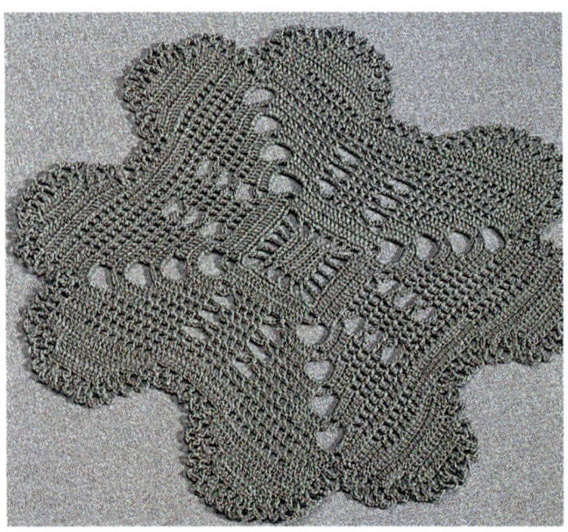

Anleitung

8 Lm + 3 Lm für die 1. fM anschlagen und 7 R fM häkeln; dabei jeweils nur in das hintere Maschenglied einstechen. Ab R 8 in Rd weiterarbeiten gemäß Häkelschrift bis Rd 17; Faden abschneiden. Bei A mit 1 Km den Faden in der Eck-Lm neu anschlingen und A – D in R jeweils über eine Motivseite häkeln. Bei E erneut Faden anschlingen und die letzten 4 R der beiden Bogen je Seite getrennt beenden.

Die Rd I und II zeigen die aus Lm-Bogen bestehende Gesamtumrandung eines Motivs. An den mit Pfeil markierten Stellen werden in der letzten Rd die Motive durch fM miteinander verbunden. Das Tischband spannen, anfeuchten und trocknen lassen.

Rechteckige Decke

Motivgröße Quadrat: ca. 18,5 x 18,5 cm
Größe Mittelstreifen: ca. 8 x 95 cm
Breite der Umrandung: ca. 11 cm breit
Motivanzahl: 2 x 5 Quadrate
Fertige Größe: ca. 65 x 115 cm

MATERIAL

- 8 Knl mittelstarkes Baumwollgarn in Weiß
- 1 Wollhäkelnadel Nr. 2,00 oder 1 Garnhäkelnadel Nr. 1,75

Diese einmalige Prachtdecke gehörte wohl zu den wertvollsten Schätzen in Omas Aussteuer. Sie ist aus mittelstarkem Baumwollgarn gehäkelt und aus verschiedenen Teilen zusammengesetzt. Ein wahrer Leckerbissen für Könner! Wer sich noch nicht an die große Decke wagt, dem gereicht schon ein einzelnes Quadrat als Deckchen zur Zierde.

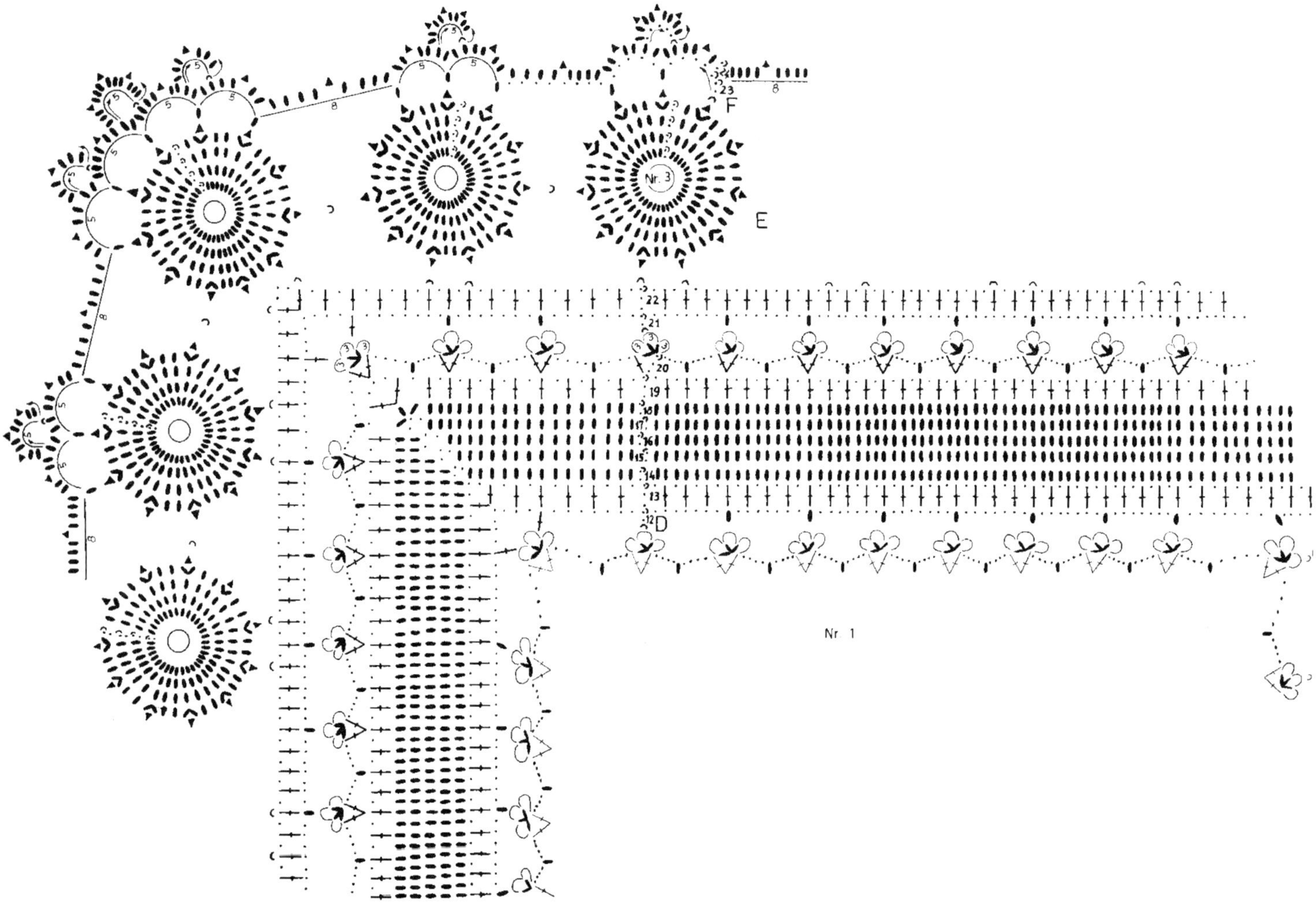

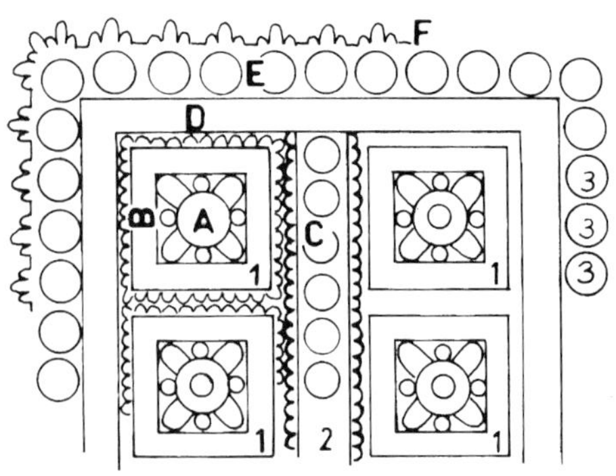

Anordnungsskizze

1 – quadr. Motiv
2 – Mittelband
3 – Abschlußmotiv

A = Runde 1–4
B = Runde 1–11
C = Rd 1–3; Reihe abc
D = Runde 12–22
E = Abschlußmotiv Nr. 3 anhäkeln
F = Runde 23, 24

Anleitung

Die umfangreiche Häkelschrift ist aus Platzgründen in Einzelteile »zerlegt«. Zahlen und Buchstaben ordnungsgemäß aneinandergereiht, ergeben ein Ganzes, vgl. Anordnungsskizze.

Für den Beginn eines Quadrates bei **A** in einen Fadenring 24 Dstb – getrennt durch 4 Pikots – häkeln; mit 1 Km zur Rd schließen. Mit der 2. Rd werden gleichzeitig die »Strahlen« (Lm + Stb) ausgeführt. Die Rd 3 und 4 um Innenkreis und Strahlen arbeiten.

4 einzelne kleine Kreise fertigstellen, die jeweils zwischen 2 »umbogte Strahlen« eingefügt werden. Bei **B** Faden mit 1 Km neu anschlingen und die »Umrahmung« häkeln (Rd 1 – 11). Dabei die fM in jeder 2. Rd nur in das hintere Maschenglied einstechen. Auf diese Weise die gewünschte Anzahl von Quadraten häkeln.

In Arbeitsgang **C** werden die Rosetten für den Mittelstreifen einzeln angefertigt und jeweils in der letzten Rd mit 1 Km aneinandergehängt. Ist die erforderliche Länge erreicht, bei **a** den Faden mit 1 Km neu anschlingen. Über beide Längsseiten hinweg jeweils 3 R ausführen (a – c). In R **c** den Mittelstreifen zu beiden Seiten hin mit den Quadraten verbinden.
Bei **D** den Faden mit 1 Km erneut anschlingen und um die gesamte Häkelei die Rd 12 – 22 ausführen; Ausführung der fM siehe Rd 3 – 9.

In Arbeitsgang **E** die großen Kreise häkeln (je 24 für die Längsseiten, je 13 für die Schmalseiten + 4 Eck-Kreise) und gemäß Häkelschrift miteinander sowie mit der inneren Umrandung verbinden.

Achtung: An den Schmalseiten in der 22. Rd ab der Ecke je 4 Stb freilassen, an den Längsseiten nur 3 Stb.

Bei **F** in Rd 23 ringsum Lm-Bogen arbeiten, die dann in Rd 24 mit fM und Pikots behäkelt werden. Bei diesem Arbeitsgang wird jeweils der gesamte kleine Bogen über den beiden großen gleich mitgearbeitet.

Die Decke spannen, anfeuchten und trocknen lassen.

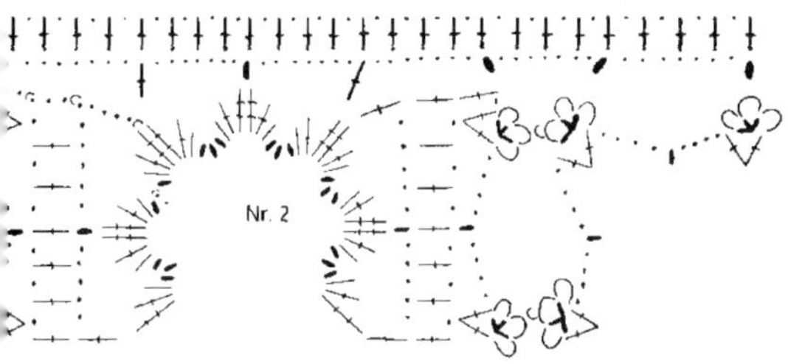

Quadratisches Motiv mit gefüllter Mitte

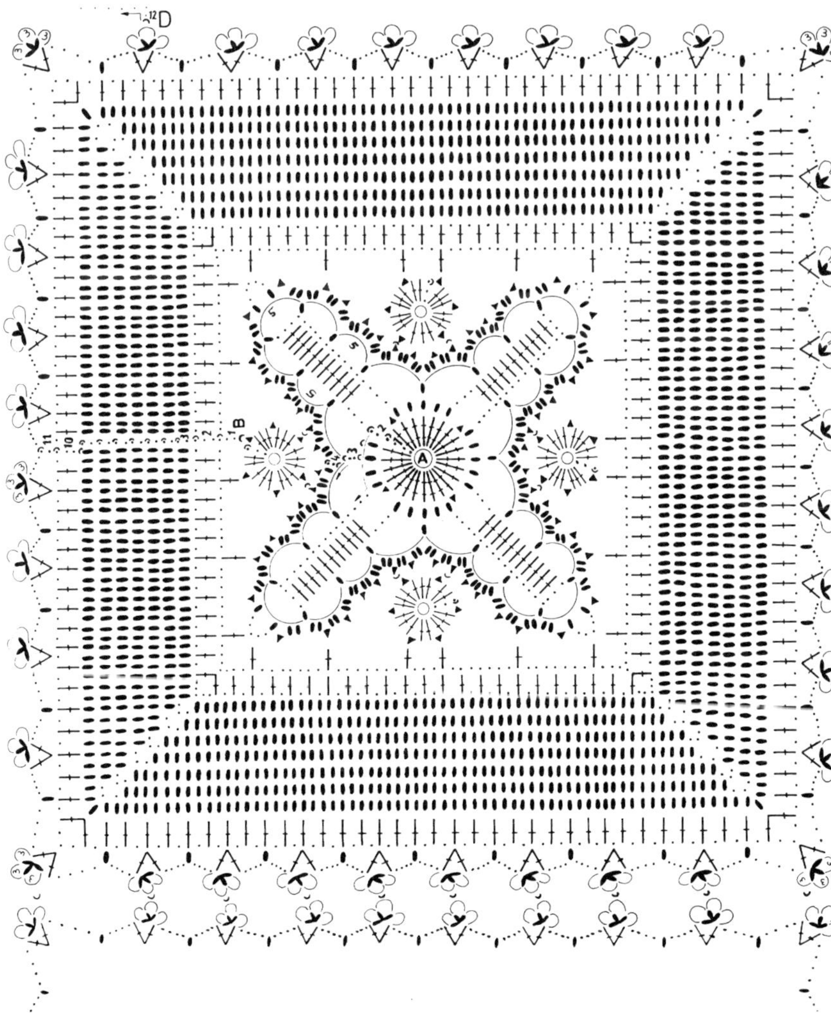

Mittelband

Einzelquadrat als Deckchen

Fertige Größe: ca. 35 x 35 cm

MATERIAL

- 1 Knl *Anchor* Leinengarn von *Coats Mez,* Fb 390, sand
- 1 Garnhäkelnadel Nr. 1,25

Anleitung

Bei **A** in 1 Fadenring 24 Dstb häkeln. Die Häkelschrift zeigt ein Viertel des Quadrates. Die Pikots zwischen den beiden fM in einer Einstichstelle werden bereits in der 2.Rd gehäkelt. Mit der 3. Rd werden dann gleichzeitig die »Strahlen« (Lm und Stb) ausgeführt. Nun um Innenkreis und Strahlen die gesamten Lm-Bogen arbeiten und in Rd 5 mit den fM und Pikots behäkeln. 4 einzelne kleine Kreise fertigstellen, die jeweils zwischen 2 »umbogte Strahlen« eingefügt werden.

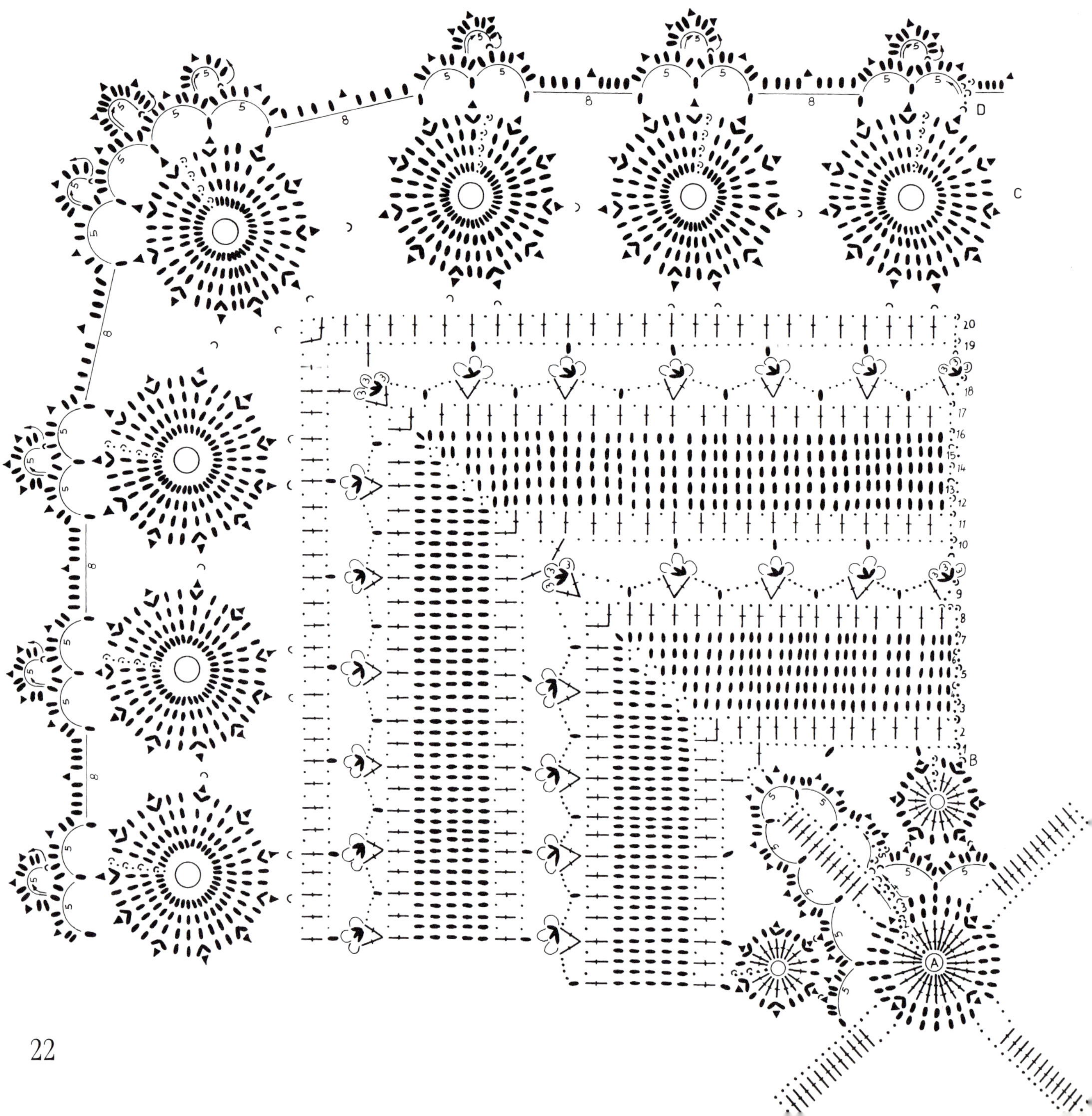

Bei **B** Faden mit 1 Km neu anschlingen und die »Umrahmung« häkeln (Rd 1 – 20). Die fM der Rd 4 – 7 und 13 – 16 jeweils nur in das hintere Maschenglied einstechen.

In Arbeitsgang **C** pro Seite 5 große Kreise + 4 Eck-Kreise ausführen und gemäß Häkelschrift miteinander sowie mit dem Quadrat verbinden. Achtung: Auf einer Seite bleiben ab der Ecke in Rd 20 jeweils 4 Stb frei, auf der anderen nur 3 Stb.

Bei **D** ringsum Lm-Bogen arbeiten, die dann mit fM und Pikots behäkelt werden. Bei diesem Arbeitsgang wird jeweils der gesamte kleine Bogen über den beiden großen gleich mitgearbeitet.

Das Deckchen spannen, anfeuchten und trocknen lassen.

Zwei Kissen mit Häkelmotiven

Quadratisches Kissen

Motivgröße: ca. 12 cm Ø
Motivanzahl: 2 x 2
Kissengröße: ca. 40 x 40 cm

MATERIAL

- 1 Knl *Lang Rosanna,* Fb 1780, altrosé
- 1 Garnhäkelnadel Nr. 1,50 oder 1,75
- 0,45 m Baumwollstoff mit Blumendruck, 160 cm breit, blau-apricot gemustert (*Leibfried,* Art. 7903, Fb 46)
- 1 Kisseninlett, 40 x 40 cm, altrosé
- Nähgarn, altrosé

Anleitung

In 1 Fadenring Stb-Gruppen und Lm gemäß Häkelschrift (Seite 26) arbeiten. Nach Fertigstellung von 2 x 2 miteinander verbundenen Kreisen die Motive spannen, anfeuchten und trocknen lassen.

Der Einsatz für das quadratische Kissen wurde nach diesem alten Vorbild gehäkelt.

Den Stoff fadengerade 45 x 84 cm zuschneiden (Stoffbruch = obere Kissenkante), die Kanten versäubern.

Auf der vorderen Kissenplatte die Motive exakt in der Mitte anordnen und mit schmalem, dichtem Zickzackstich den Bogen folgend aufsteppen. Nun an den inneren Bogenrändern entlang den Stoff vorsichtig ausschneiden. Die Seitennähte schließen, an der unteren Kante eine Öffnung zum Einschieben des Inletts lassen.

Die Öffnung von Hand mit kleinen Stichen zunähen oder einen Reißverschluß einsetzen.

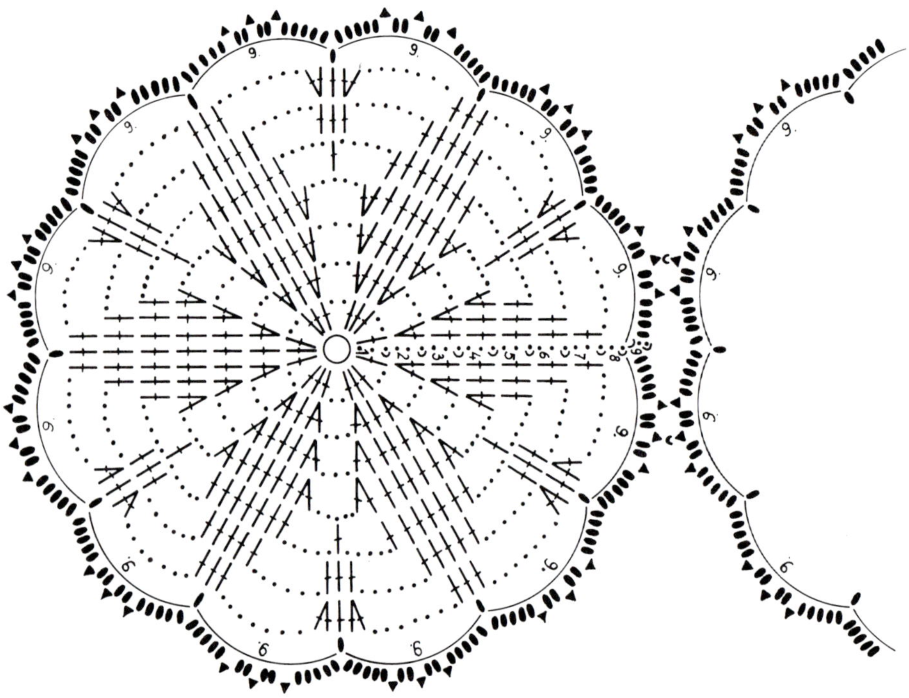

Rundes Kissen

Motivgröße: ca. 12 cm Ø
Motivanzahl: 2 x 2
Kissengröße: ca. 40 cm Ø

MATERIAL

- 1 Knl *Lang Rosanna,* Fb 1742, hellgrün
- 1 Garnhäkelnadel Nr. 1,50 oder 1,75
- 0,45 m Baumwollstoff mit Blumendruck, 160 cm breit, grün-gold gemustert (*Leibfried,* Art. 7903, Fb 41)
- 1 rundes Kisseninlett, ca. 40 cm Ø, goldfarben
- Nähgarn, hellgrün

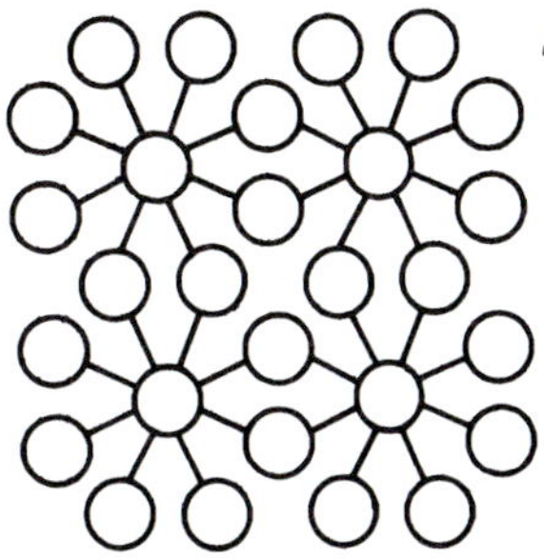

Schema

Anleitung

In 1 Fadenring 24 fM häkeln und den inneren »Kreis« gemäß Häkelschrift ausführen. Die weiteren Kreise der Numerierung nach häkeln und jeweils in den vorhergehenden sowie in den Lm-Bogen des inneren Kreises mit jeweils 1 Km einhängen. Auf diese Weise 2 x 2 große Kreise arbeiten, spannen, anfeuchten und trocknen lassen.

Aus dem Stoff 2 Kreise von je 40 cm Durchmesser und je 1,5 cm Nahtzugabe zuschneiden und die Kanten versäubern.

Auf der vorderen Platte die Häkelmotive abbildungsgemäß anordnen und den inneren Bogenformen folgend mit schmalem, dichtem Zickzackstich aufsteppen. Nun an den gezackten Rändern entlang den Stoff vorsichtig ausschneiden.Die Kissenplatten links auf links zusammensteppen, eine Öffnung zum Einschieben des Inletts lassen. Diese Öffnung von Hand mit kleinen Stichen zunähen.

MEIN TIP

Die Häkelmotive können auch nach Wunsch Ton in Ton oder in einer Kontrastfarbe zur Häkelei oder zum Kissenstoff mit einem unifarbenen Stoff unterlegt werden. Dann spielt die Farbe des Inletts keine Rolle mehr.

Dieses alte Muster diente als Vorlage für den Häkeleinsatz auf dem runden Kissen.

Gardine mit Häkeleinsatz und gehäkeltem Gardinenband

Gardine

Motivgröße: ca. 8 x 8 cm
Einsatzgröße: ca. 24 x 24 cm
Motivanzahl: 2 x 2
Gardinengröße: ca. 100 x 135 cm

MATERIAL

- 1 Knl *Lang Primera 20,* Fb 0401, weiß
- 1 Garnhäkelnadel Nr. 1,50 oder 1,25
- 1,05 m Baumwollstoff mit Blumendruck, 140 cm breit, blau-weiß gemustert (*Leibfried,* Art. 5431)
- Nähgarn, weiß und hellblau

Anleitung

24 Lm + 6 Lm für das 1. leere Kästchen anschlagen und »Filetkästchen« in R arbeiten. Um das Kästchenquadrat noch 4 Rd gemäß Häkelschrift ausführen. Auf diese Weise 2 x 2 Motive aneinandersetzen, spannen, anfeuchten und trocknen lassen.

Den Stoff fadengerade schneiden; die Seitenkanten sowie die untere Kante jeweils knapp 0,75 cm nach hinten ein-, dann ca. 1 cm umschlagen und absteppen. Die obere Kante 0,5 cm nach hinten ein-, dann ca. 3 cm umschlagen und feststeppen für den Durchzug der Gardinenstange. Im Abstand von ca. 25 cm zur oberen Kante den Häkeleinsatz wie abgebildet exakt in der Gardinenmitte anordnen. Mit schmalem, dichtem Zickzackstich der Umrandung aus fM folgend, aufsteppen. Nun an diesen Rändern entlang den Stoff vorsichtig ausschneiden.

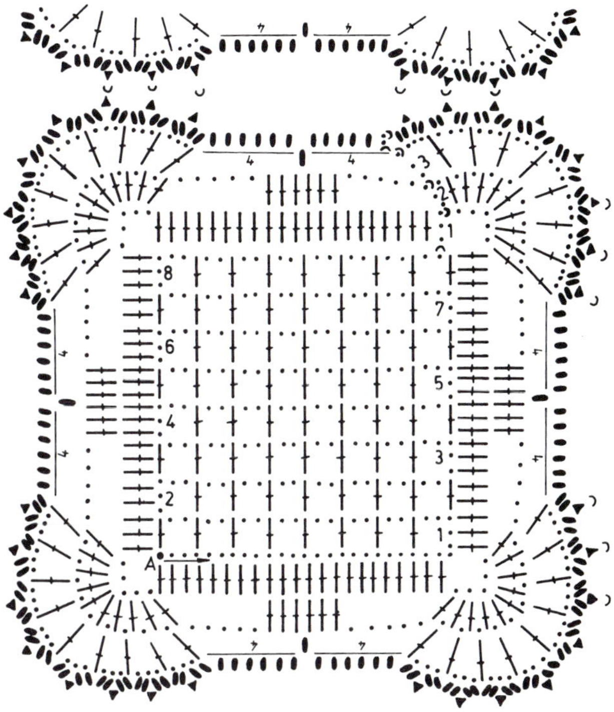

Gardinenband

Motivgröße: ca. 7 x 7 cm
Motivanzahl: 5
Bandgröße: ca. 38 x 7 cm

MATERIAL
- 1 Knl *Lang Primera 40,* Fb 2401, weiß
- 1 Garnhäkelnadel Nr. 1,00

Anleitung

24 Lm + 6 Lm für das 1. leere Kästchen anschlagen und »Filetkästchen« in R arbeiten. Um das Kästchenquadrat noch 4 Rd gemäß Häkelschrift ausführen. Auf diese Weise 5 Motive miteinander verbinden, spannen, anfeuchten und trocknen lassen.

Läufer aus Blütenmotiven

Motivgröße: ca. 13 cm Ø (großes Motiv); ca. 8 cm Ø (kleines Motiv)
Motivanzahl: 4 x 12 (alte Stola) bzw. 3 x 8 (Tischläufer, wie beschrieben)
Fertige Größe: ca. 46 x 165 cm (alte Stola); ca. 40 x 105 cm (Tischläufer)

MATERIAL

- 3 Knl *Anchor Leinengarn* von *Coats Mez,* Fb 926, natur
- 1 Garnhäkelnadel Nr. 1,25

Bei diesen bezaubernden Blütengebilden dürfte es sich um eine Stola handeln. Die Häkelei entstammt tatsächlich noch Großmutters Schatztruhe. Sie ist aus mittelfeinem Baumwollgarn gehäkelt und könnte gut aus Leinengarn in nahezu identischer Größe nachgearbeitet werden. Ich schlage Ihnen einen Tischläufer vor, der aus 3 x 8 Motiven zusammengesetzt ist.

Anordnungsskizze

Anleitung

Für eine große Blüte in einen Fadenring 16 fM häkeln und nach der Häkelschrift weiterarbeiten. In der 3. Rd werden die Lm eines Blütenblattes jeweils erst mit der linken Blatthälfte behäkelt. In der 4. Rd wird jedes Blütenblatt ergänzt und mit 12 Km zum nächsten übergegangen. Danach werden auf die gleiche Weise 8 Blütenblätter »auf Lücke« gehäkelt. Dies bedeutet, die fM der 3. Rd und somit der Blattanfang werden in das leere Kästchen der 2. Rd zwischen 2 Blättchen gearbeitet. Die Einstichstelle liegt dabei hinter den bereits gehäkelten. In der 5. Rd den Faden in einer Blattspitze mit 1 Km neu anschlingen; die gesamten Blattspitzen werden mit je 1 fM »festgehalten«.

Achtung: In der 7. Rd stechen die beiden Dstb jeweils in unregelmäßigen Abständen in bzw. um die Kästchen der 6. Rd. Beim kleinen Motiv werden die Strahlen der 3. Rd in einem Arbeitsgang gehäkelt. Das Anordnen und Zusammenhäkeln der Motive geht aus der Anordnungsskizze hervor. Den fertigen Läufer spannen, anfeuchten und trocknen lassen.

Eines der großen Motive für den beschriebenen Läufer aus Leinengarn.

Set aus Häkelquadraten

Motivgröße: ca. 16 x 16 cm
Motivanzahl: 3 x 2
Setgröße: ca. 50 x 34 cm

MATERIAL

- 2 Knl *Lang Rosanna,* Fb 1705, gelb
- 1 Garnhäkelnadel Nr. 1,50 oder 1,75

Anleitung

10 Lm anschlagen und mit 1 Km zum Ring schließen. Weiter nach der Häkelschrift arbeiten, die ein vollständiges Motiv zeigt. 3 x 2 Motive miteinander verbinden und die Umrandung nach der kleinen Häkelschrift von Seite 34 ausführen. Das fertige Set spannen, anfeuchten und trocknen lassen.

Diese alte Häkelarbeit stand Pate für das gelbe Set von Seite 32 und das Stoffset mit aufgesetzter Serviettentasche.

Anleitung

10 Lm anschlagen und mit 1 Km zum Ring schließen. 1 einzelnes Quadrat nach der Häkelschrift arbeiten. Die Lm-Bogen nach der letzten Rd mit fM umhäkeln, auf jedes Dstb je 1 fM und über jede fM der Vor-Rd 1 Pikot arbeiten. Das Motiv spannen, anfeuchten und trocknen lassen.

Den Leinenstoff fadengerade 52,5 x 37,5 cm zuschneiden. Ringsum ca. 1,2 cm ein-, dann ca. 1,5 cm umschlagen und knappkantig absteppen. In der linken unteren Ecke die gehäkelte Serviettentasche von Hand annähen.

Aus dem übrigen Stoff Servietten nähen.

Stoffset mit aufgesetzter Serviettentasche

Motivgröße: ca. 13 x 13 cm
Setgröße: ca. 47 x 32 cm

MATERIAL

- 1 Knl (10 g) *Anchor Glanzhäkelgarn 40* von *Coats Mez,* Fb 756, gelb
- 1 Garnhäkelnadel Nr. 1,00 oder 1,25
- 0,40 m Leinenstoff *»Melrose«,* 140 cm breit, elfenbein (*Zweigart,* Art. 7594, Fb 101)
- Nähgarn, hellbeige und hellgelb

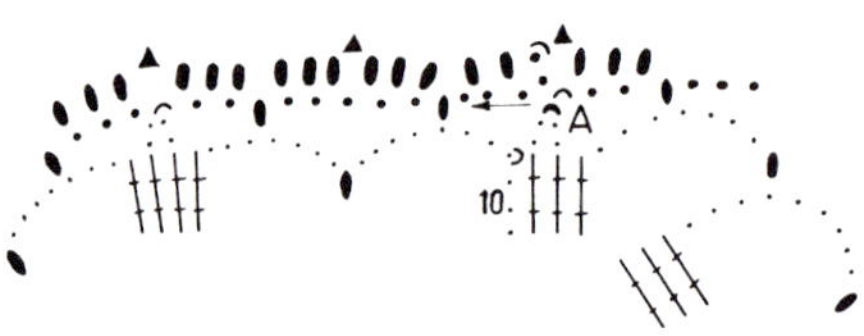

Skizze zur Außenumrandung

Zartes Deckchen

Motivgröße:
ca. 7 cm Ø (alt; siehe Buchtitel);
ca. 12 cm Ø (neu)
Motivanzahl: 19
Fertige Deckchengröße:
ca. 34 x 39 cm (alt)

MATERIAL

- 4 Knl (à 25 g) *Lang Primera 40,* Fb 2401, weiß
- 1 Garnhäkelnadel Nr. 1,00

Anleitung

Für einen kleinen Kreis einer Motivmitte in 1 Fadenring 24 Stb häkeln. Die Kreise werden in der Reihenfolge ihrer Numerierung jeweils in der 2. Rd gemäß Häkelschrift miteinander verbunden. Bei Rd 1 den Faden mit 1 Km neu anschlingen und um die »Kreismitte« 7 Rd arbeiten. Auf diese Weise 19 Motive ausführen.

Die Anordnungsskizze zeigt die Deckchenhälfte; außerdem sind die Stellen, an denen die Motive zusammengefügt werden, mit Km markiert.

Die kleinen Kreise stellen einen einzelnen Kreis einer Motivmitte dar, der die entstehenden größeren Lücken ausfüllt. Das fertige Deckchen spannen, anfeuchten und trocknen lassen.

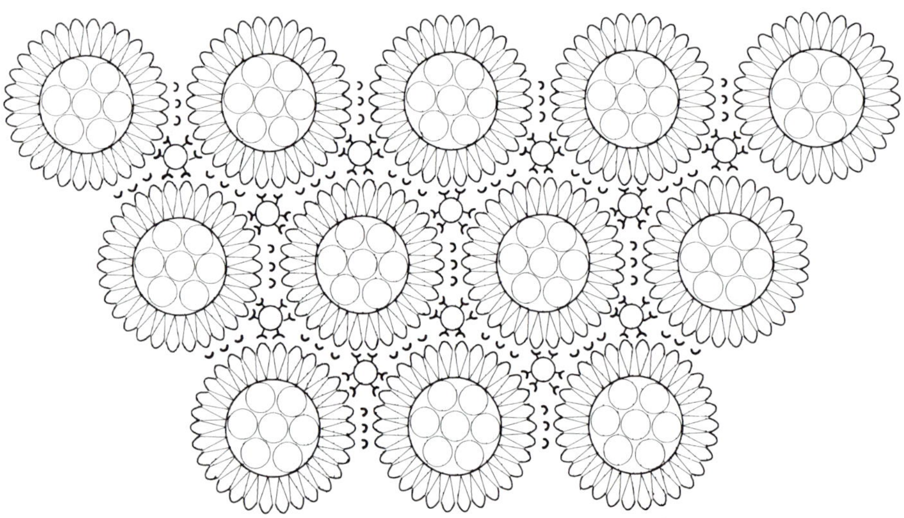

Auch dieses Deckchen, das Sie schon vom Umschlag dieses Buches kennen, stammt aus Omas Wäscheschrank.

Deckchen

Motivgröße: ca. 11 cm Ø (großes Motiv); ca. 6 cm Ø (kleines Motiv)
Motivanzahl: 2 x 2
Deckchengröße: ca. 22 x 22 cm

MATERIAL

- 1 Knl *Anchor Aida 15* von *Coats Mez,* Fb 107, flieder
- 1 Garnhäkelnadel Nr. 1,50 oder 1,25

Anleitung

Für ein großes wie auch für ein kleines Motiv 6 Lm anschlagen und mit 1 Km zum Ring schließen. Die großen Motive gemäß Häkelschrift arbeiten und jeweils in der letzten Rd miteinander verbinden. Die Mitte zwischen 4 großen Motiven wird mit 1 kleinen Motiv nach deren Fertigstellung ausgefüllt. Das fertige Deckchen spannen, anfeuchten und trocknen lassen.

Das kleine Mittelmotiv dieses Deckchens kehrt auf dem Lampenschirm von Seite 47 wieder.

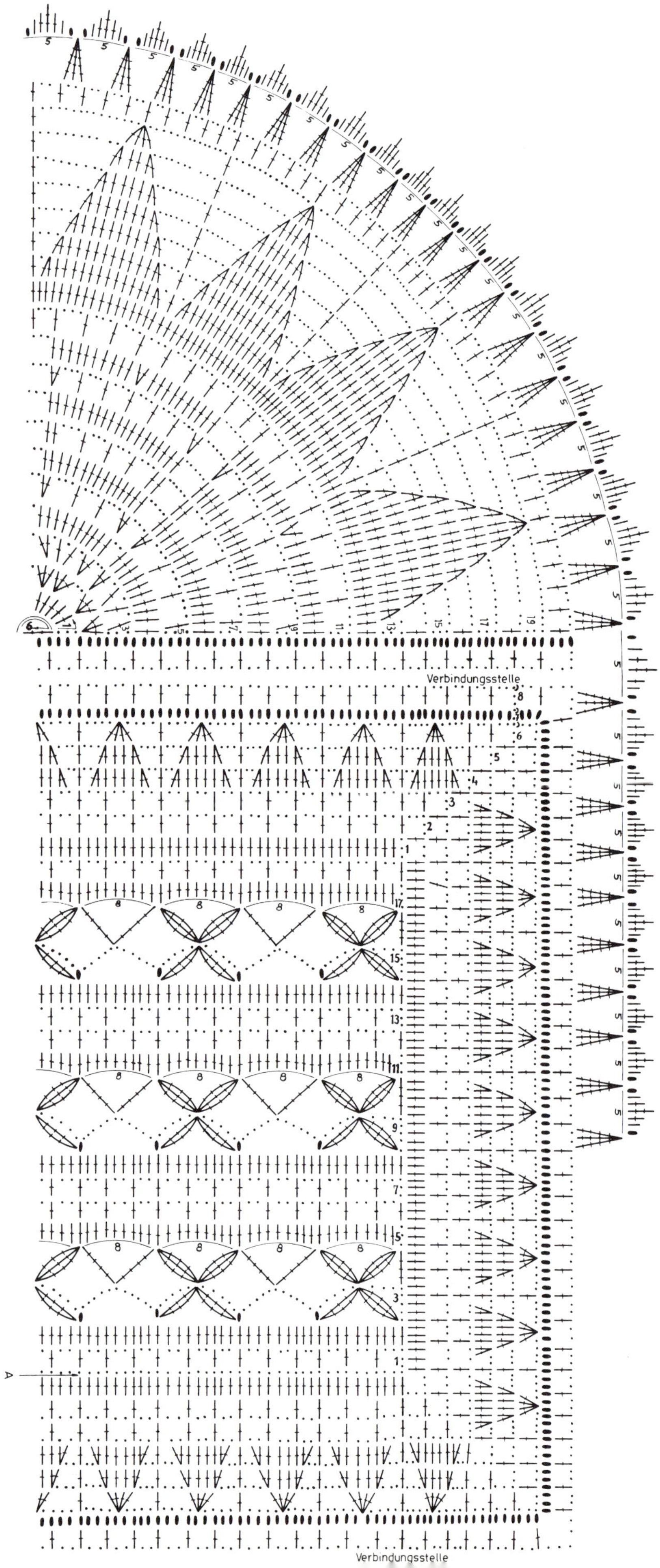
Verbindungsstelle
A
Verbindungsstelle

Ovaler Läufer

Motivanzahl: 1 Quadrat, 2 Halbkreise
Fertige Läufergröße: ca. 32 x 63 cm

MATERIAL

- 2 Knl *Anchor Liana 10* von *Coats Mez,* Fb 387, écru
- 1 Garnhäkelnadel Nr. 1,50 oder 1,75

Anleitung

Für das Quadrat in der Mitte 81 Lm + 6 Lm für das 1. leere Kästchen anschlagen und 18 R gemäß Häkelschrift arbeiten. Sie zeigt die Längshälfte des Quadrates sowie eines Halbkreises und ist gegengleich zu ergänzen. Dann das Quadrat in Rd vervollständigen (Rd 1 – 8).

Für einen »Halbkreis« 6 Lm anschlagen und mit 1 Km zum Ring schließen. Gemäß Häkelschrift in R arbeiten bis einschließlich der leeren Kästchen über den großen Zacken. Den Lm-Anschlag mit fM behäkeln, nach einer weiteren R leerer Kästchen wird der Halbkreis durch fM mit dem Quadrat verbunden (siehe »Verbindungsstelle« in der Häkelschrift). In der gleichen Weise den 2. Halbkreis ausführen und verbinden. Dann den gesamten Läufer mit den letzten beiden gezeichneten Rd umranden. Häkelei spannen, anfeuchten und trocknen lassen.

Mitteldecke aus Häkel- und Stoffquadraten

Motivgröße: ca. 17 x 17 cm
Motivanzahl: 12 Häkelmotive, 13 Stoffquadrate
Fertige Deckengröße: ca. 85 x 85 cm

MATERIAL

- 4 Knl *Anchor Aida 10* von *Coats Mez,* Fb 1033, wasserblau
- 1 Garnhäkelnadel Nr. 1,50 oder 1,75
- 13 fertig umkantelte Stoffquadrate aus Strukturstoff Art. 5013 von *Leibfried,* Fb 051, wasserblau, oder 0,85 m Stoff, 180 cm breit
- Nähgarn, hellblau

Anleitung

Ein Häkelmotiv mit dem »Verbindungsstreifen« zwischen den Rosetten beginnen. Dafür in 1 Fadenring fM + Pikots gemäß Häkelschrift arbeiten und in diesen Kreis 7 weitere Halbkreise einhängen. Es empfiehlt sich, den letzten Halbkreis etwas lockerer zu arbeiten (entsprechend dem Anfangskreis). Danach werden 4 einzelne Rosetten hergestellt, die jeweils in der letzten Rd mit 1 Rosette sowie dem »Streifen« durch Km verbunden werden. Bei A für die »Umrahmung« den Faden neu anschlingen und A – D in Rd häkeln. Auf diese Weise 12 Motive anfertigen, *quadratisch* spannen, anfeuchten und trocknen lassen.

Ein Häkelquadrat jeweils so zwischen zwei Stoffquadrate legen, daß die letzte Stb-Rd auf dem Stoff aufliegt; feststeppen oder von Hand aufnähen. Nach Fertigstellung die äußeren, versäuberten Stoffkanten mit fM überhäkeln.

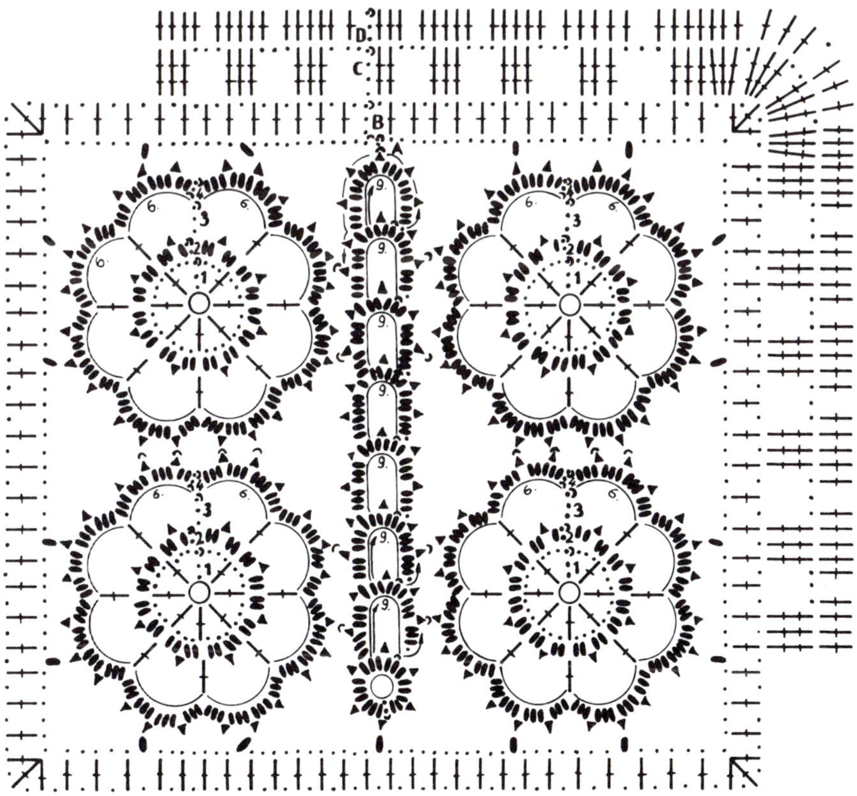

Bettdecke

Motivgröße: ca. 18 x 18 cm
Breite der Umrandung: ca. 6 cm
Motivanzahl: 7 x 11
Fertige Deckengröße: ca. 138 x 210 cm
(inkl. Umrandung)

MATERIAL

- 50 Knl *Lang Marisa,* Fb 909, zartrosé
- 1 Wollhäkelnadel Nr. 2,00

Ein altes Musterstück diente als Vorlage für die prächtige Bettdecke.

Anleitung

Mit einem Fadenring beginnen und die Rd 1 – 16 gemäß Häkelschrift auf Seite 46 arbeiten. Um eine plastische Wirkung des Innenquadrates zu erzielen, werden die fM-Rd nur in das vordere Maschenglied eingestochen. Dabei mit der Nadel von hinten nach vorne stechen und die Schlinge von rechts nach links auf die Nadel nehmen.

Die einzelnen Quadrate werden zum Schluß zusammengehäkelt, erst in waagrechter, dann in senkrechter Richtung. Vom oberen Quadrat wird das vordere Maschenglied, vom unteren das hintere gefaßt und mit fM behäkelt. Dies ergibt eine »plastische Naht«. Bei der Ausführung in senkrechter Richtung wird der Kreuzungspunkt mit 1 Lm übergangen.

Preis: 1,50 DM
145. Jahrgang

Nun in einem Quadrat den Faden bei a neu anschlingen und um die gesamte Decke fM häkeln, wie beim Innenteil beschrieben. Weiter die Umrandung ausführen (Rd b – h); in Rd d »normale« fM häkeln. Die Bettdecke spannen, anfeuchten und trocknen lassen.

MEIN TIP

Dieses Muster kann in der angegebenen Garnqualität ebensogut als Kinderwagendecke oder als Plaid Verwendung finden.

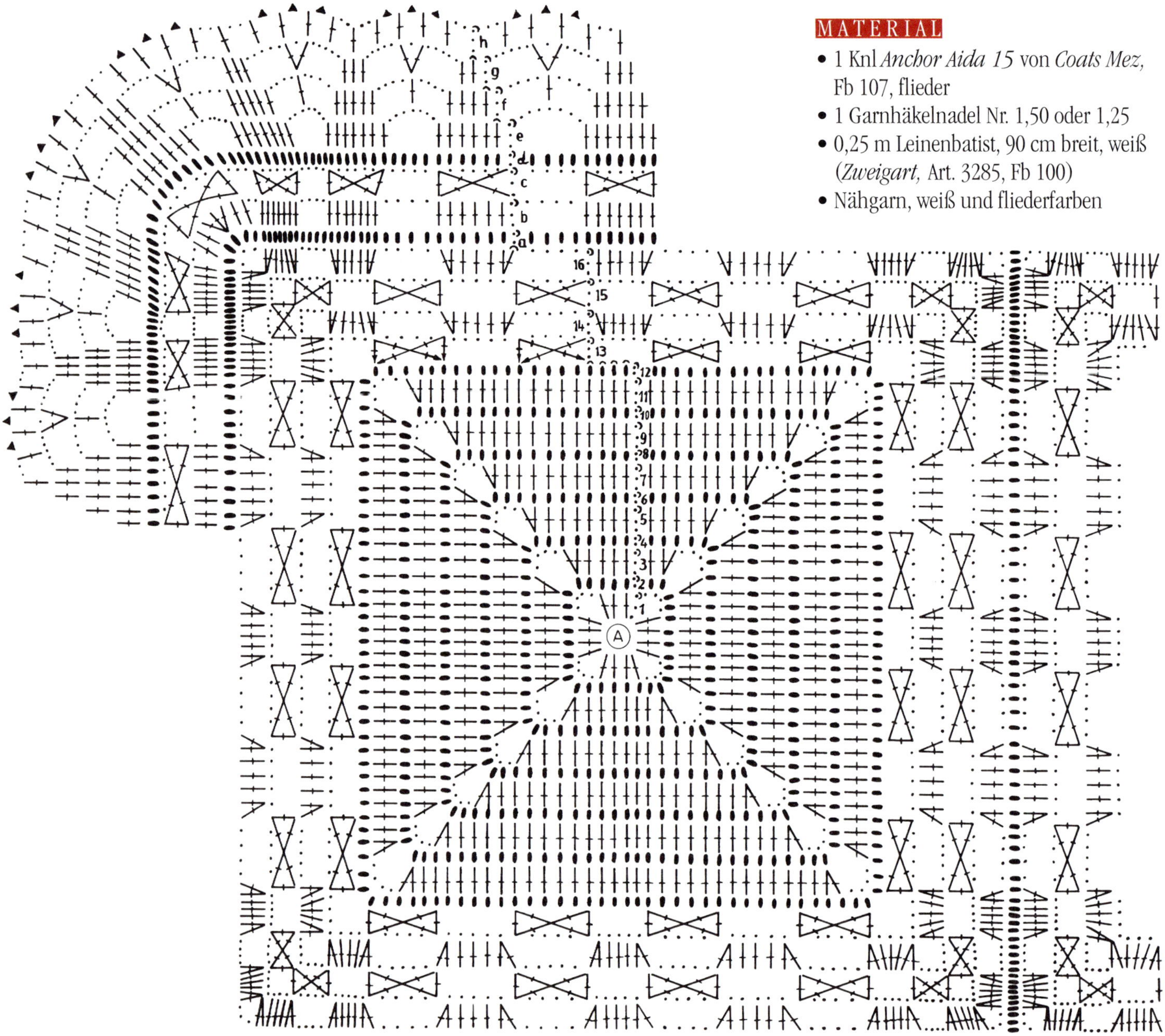

Lampenschirm mit Häkelrosetten

Motivgröße: ca. 4 cm Ø
Motivanzahl: 10
Schirmhöhe: ca. 17 cm
Schirmdurchmesser oben: ca. 9 cm
Schirmdurchmesser unten: ca. 18 cm

MATERIAL

- 1 Knl *Anchor Aida 15* von *Coats Mez,* Fb 107, flieder
- 1 Garnhäkelnadel Nr. 1,50 oder 1,25
- 0,25 m Leinenbatist, 90 cm breit, weiß (*Zweigart,* Art. 3285, Fb 100)
- Nähgarn, weiß und fliederfarben

- 1 Tischleuchten-Schirmgestell (*Maka-Leuchten,* Art. 660/18)
- 1 Lampenfuß in Messing, blank, 18 cm hoch (*Maka-Leuchten,* Art. 351)

Anleitung

6 Lm anschlagen und mit 1 Km zum Ring schließen. 10 einzelne Rosetten nach der Häkelschrift des kleinen Motivs (siehe Deckchen, Seite 38) arbeiten, jedoch statt der großen Lm-Bogen jeweils 1 Pikot häkeln. Für das Band um den »Kragen« des Lampenschirms auf eine Lm-Kette ca. 95 Stb häkeln.

Den Leinenbatist fadengerade auf 21 x 57 cm zuschneiden. An der Breitseite knappkantig absteppen und beide Nahtzugaben miteinander mit dichtem Zickzackstich versäubern. Die obere und untere Stoffkante jeweils 1 cm ein- dann ca. 1,2 cm umschlagen und knappkantig absteppen. Den Bezug auf das Lampenschirmgestell stülpen und um den »Kragen« das Häkelband festnähen.

Nun jeweils 1 Rosette zwischen 2 »Streben« mit kleinen, unsichtbaren Stichen abbildungsgemäß aufnähen. Den Lampenschirm auf den Lampenfuß mit Glühbirne montieren.

Filigranes Deckchen

Motivgröße: ca. 5,5 x 5,5 cm
Motivanzahl: 6 x 6
Fertige Deckchengröße: ca. 45 x 45 cm

MATERIAL

- 5 Knl (à 10 g) *Anchor Glanzhäkelgarn 40* von *Coats Mez,* Fb 768, puder
- 1 Garnhäkelnadel Nr. 1,00 oder 1,25

Anleitung

In 1 Fadenring 16 Dreif-Stb, jeweils getrennt durch 2 Lm, häkeln. Ein Motiv-Quadrat nach der Häkelschrift beenden. Jedes Quadrat wird in der letzten Rd mit dem vorhergehenden verbunden. Ist die gewünschte Anzahl erreicht, bei B mit 1 Km den Faden neu anschlingen und um die Gesamtmotive die Außenbordüre (ca. 6 cm breit) häkeln. Dabei sind die Rd 1 – 8 dem Muster entsprechend zu ergänzen. Das Deckchen spannen, anfeuchten und trocknen lassen.

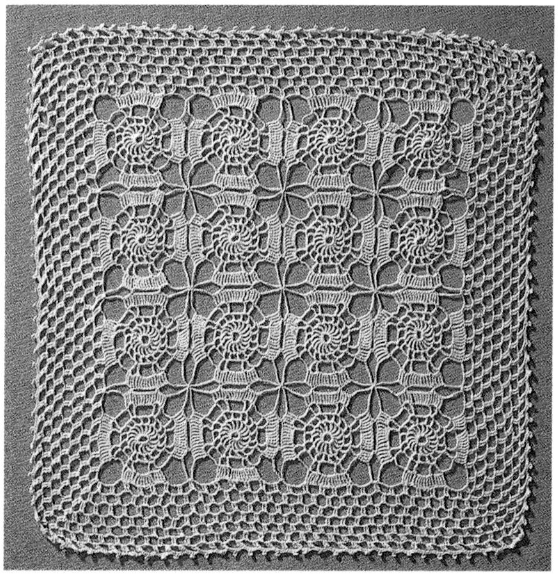

Nach dieser alten Vorlage entstand das puderfarbene Deckchen.

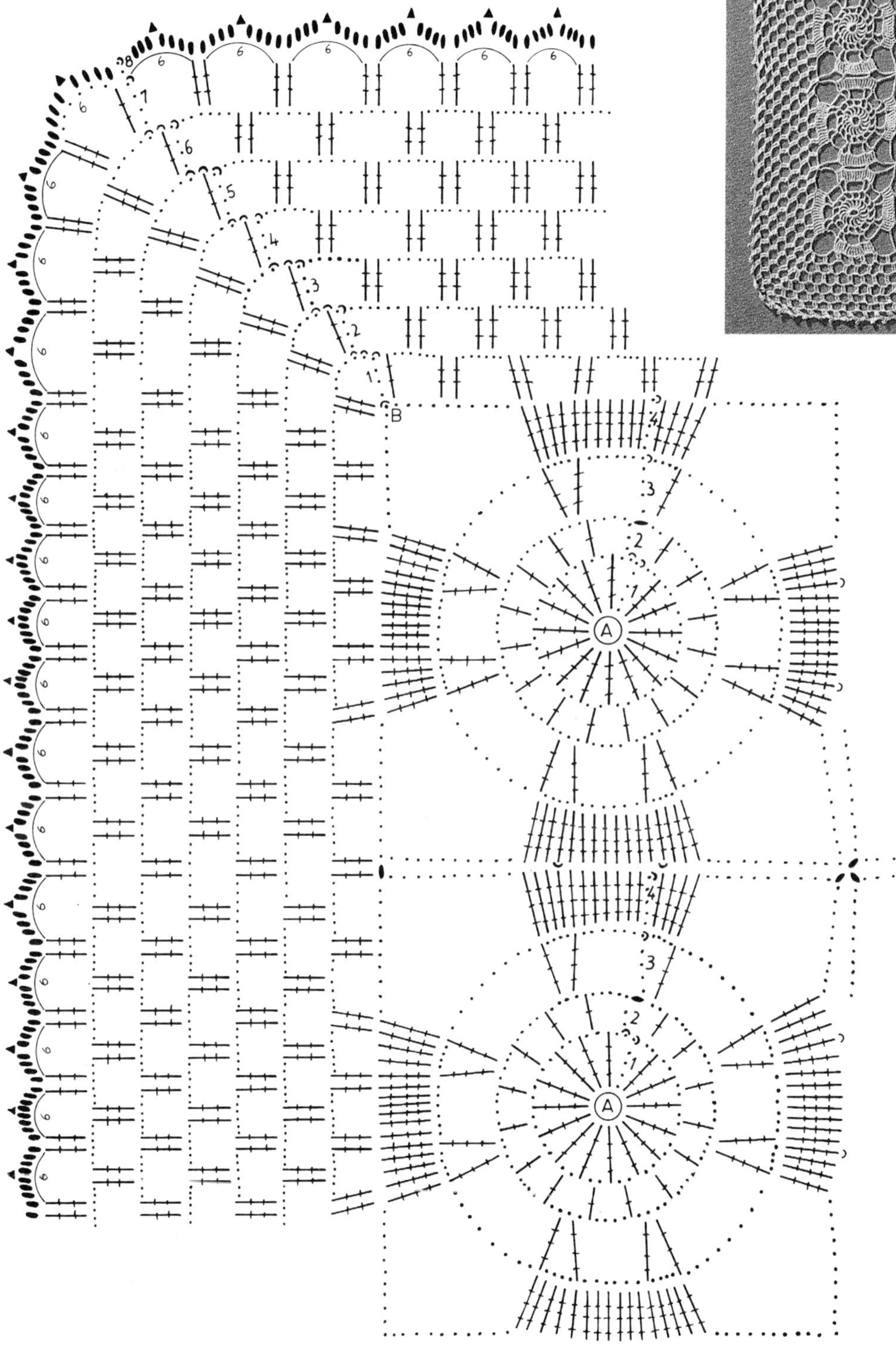

Breites Tischband

Motivgröße: ca. 11,5 cm Ø (großes Motiv); ca. 6 cm Ø (kleines Motiv)
Motivanzahl: 2 x 12
Fertige Bandgröße: ca. 23 x 140 cm

MATERIAL

- 2 Knl *Lang Rosanna,* Fb 1731, blau
- 1 Garnhäkelnadel Nr. 1,50 oder 1,75

Anleitung

Für 1 großes Motiv 8 Lm anschlagen und mit 1 Km zum Ring schließen. Weiter nach der Häkelschrift arbeiten, die ein Gesamtmotiv zeigt. Zwischen 2 x 2 verbundenen großen Motiven wird jeweils eine kleine Rosette eingesetzt (Rundenbeginn mit 10 Lm). Ist die gewünschte Bandlänge erreicht, die Häkelei spannen, anfeuchten und trocknen lassen.

Läufer aus Quadraten

Motivgröße: ca. 12,5 x 12,5 cm
Motivanzahl: 3 x 9
Fertige Läufergröße: ca. 38 x 112 cm

MATERIAL

- 4 Knl *Anchor Liana 20* von *Coats Mez,* Fb 336, lachs
- 1 Garnhäkelnadel Nr. 1,25 oder 1,50

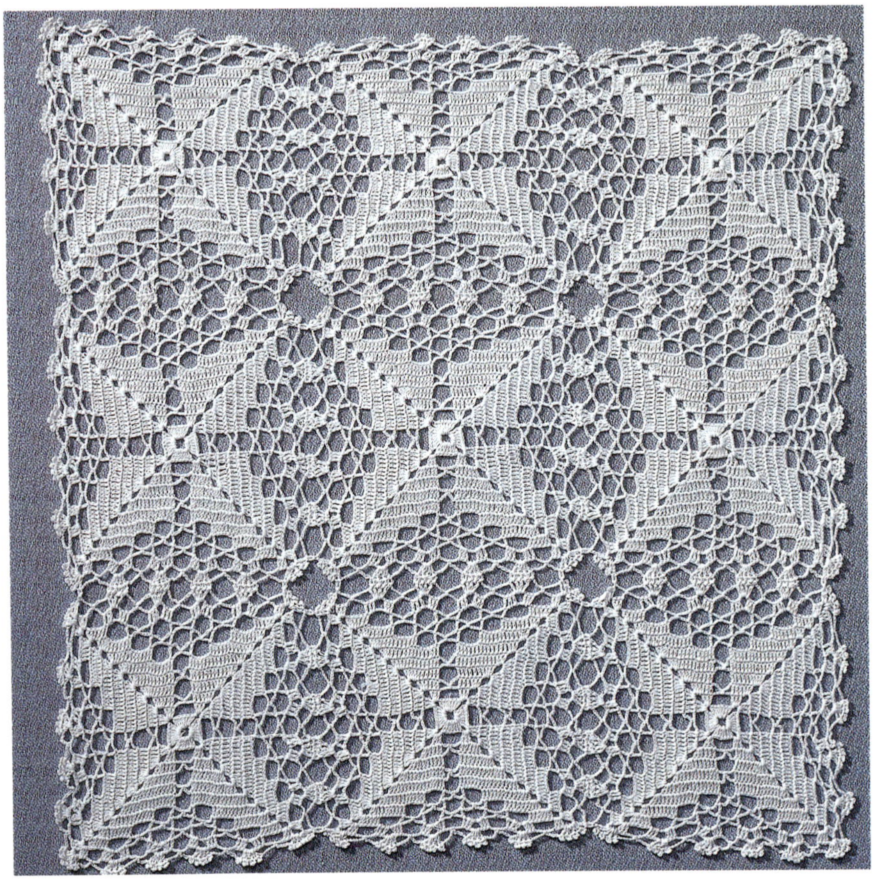

Anleitung

Mit 1 Fadenring beginnen und gemäß Häkelschrift arbeiten. Sie zeigt 1 vollständiges Quadrat sowie die Verbindung zum zweiten. Zu den anderen Seiten hin werden die Motive genauso mit Km in den Pikots zusammengefügt.
Den Läufer spannen, anfeuchten und trocknen lassen.

Nach diesem alten Muster wurde der lachsfarbene Läufer gehäkelt.

Festliche Stola

Motivgröße: ca. 14 cm Ø (großes Motiv); ca. 6 cm Ø (kleines Motiv)
Motivanzahl: 3 x 11
Fertige Stolagröße: ca. 42 x 154 cm

MATERIAL

- 11 Knl (à 25 g) *Anchor Arista* von *Coats Mez,* Fb 301, silber
- 1 Garnhäkelnadel Nr. 1,75 oder 1 Wollhäkelnadel Nr. 2,00

Anleitung

Für 1 großes Motiv in einen Fadenring 8 Stb, jeweils getrennt durch 3 Lm häkeln. Weiter nach der Häkelschrift arbeiten, die ein Gesamtmotiv zeigt. In der 3.Rd werden in den Lm-Bogen erst 5 fM gehäkelt, dann wird ein Bogen aus 8 Lm in die 10. fM des vorausgehenden Bogens mit 1 Km eingehängt. Arbeit mit 1 Lm wenden, 13 Lm um den Bogen häkeln, dann die restlichen 10 fM um den darunterliegenden Bogen ausführen. Jeweils 4 verbundene Motive werden mit einem kleinen Strahlenmotiv ausgefüllt. Die Stola spannen, leicht anfeuchten und trocknen lassen.

Das aus Baumwollgarn gehäkelte Vorbild erhält durch die Umsetzung mit Metallgarn einen festlichen Charakter.

tutti
soli

Bezugsquellen

GARNE
Anchor Garne
Coats Mez GmbH
Postfach 1179
79337 Kenzingen

Lang Garn & Wolle GmbH
Püllenweg 20
41352 Korschenbroich

STOFFE
I.C. Leibfried GmbH
Am Feger 5 – 7
71063 Sindelfingen

Zweigart & Sawitzki
Postfach 120
71043 Sindelfingen

HÄKELNADELN
INOX und IMRA
Joh. Moritz Rumpp
Postfach 1363
58743 Altena/Westf.

LAMPENSCHIRMGESTELL UND LAMPENFUSS
Maka-Leuchten GmbH
Westerbachstraße 4
61476 Kronberg/Ts.

Die Deutsche Bibliothek – CIP-Einheitsaufnahme

Omas Häkelmotive : Dekoratives fürs ganze Haus ; nach alten Vorlagen / Heidrun Heinrich. [Fotogr.: Klaus Lipa]. – Augsburg : Augustus-Verl., 1997
ISBN 3-8043-0491-5

Von Heidrun Heinrich ist ein weiteres Buch mit dem Titel »Omas Häkelspitzen« im Augustus Verlag erschienen.

Fotografie: Klaus Lipa, Augsburg
Lektorat: Helene Weinold-Leipold
Häkelschriften: Manuela Juntke, Leipzig
Umschlaggestaltung: Christa Manner, München

Layout: Anton Walter, Gundelfingen

Augustus Verlag Augsburg 1997

Satz: DTP-Design Walter, Gundelfingen
Reproduktion: GAV, Gerstetten
Druck und Bindung: Appl, Wemding

Gedruckt auf 120 g umweltfreundlich elementar chlorfrei gebleichtes Papier.

ISBN 3-8043-0491-5

Printed in Germany